中国应对气候变化的政策与行动

（2021 年 10 月）

中华人民共和国
国务院新闻办公室

人民出版社

目　　录

前　言

气候变化是全人类的共同挑战。应对气候变化,事关中华民族永续发展,关乎人类前途命运。

中国高度重视应对气候变化。作为世界上最大的发展中国家,中国克服自身经济、社会等方面困难,实施一系列应对气候变化战略、措施和行动,参与全球气候治理,应对气候变化取得了积极成效。

中共十八大以来,在习近平生态文明思想指引下,中国贯彻新发展理念,将应对气候变化摆在国家治理更加突出的位置,不断提高碳排放强度削减幅度,不断强化自主贡献目标,以最大努力提高应对气候变化力度,推动经济社会发展全面绿色转型,建设人与自然和谐共生的现代化。2020年9月22日,中国国家主席习近平在第七十五届联合国大会一般性辩论上郑重宣示:中国将提高国家自主贡献力度,采取更加有力的政策和措施,二氧化碳排放力争于2030年前达到峰值,努力争取2060年前实现碳中和。中国正在为实现这一目标而付诸行动。

作为负责任的国家,中国积极推动共建公平合理、合作共赢的全球气候治理体系,为应对气候变化贡献中国智慧中国力量。面对气候变化严峻挑战,中国愿与国际社会共同努力、并肩前行,助力《巴黎协定》行稳致远,为全球应对气候变化作出更大贡献。

为介绍中国应对气候变化进展,分享中国应对气候变化实践和经验,增进国际社会了解,特发布本白皮书。

一、中国应对气候变化新理念

中国把应对气候变化作为推进生态文明建设、实现高质量发展的重要抓手,基于中国实现可持续发展的内在要求和推动构建人类命运共同体的责任担当,形成应对气候变化新理念,以中国智慧为全球气候治理贡献力量。

(一) 牢固树立共同体意识

坚持共建人类命运共同体。地球是人类唯一赖以生存的家园,面对全球气候挑战,人类是一荣俱荣、一损俱损的命运共同体,没有哪个国家能独善其身。世界各国应该加强团结、推进合作,携手共建人类命运共同体。这是各国人民的共同期待,也是中国为人类发展提供的新方案。

坚持共建人与自然生命共同体。中华文明历来崇尚天人合一、道法自然。但人类进入工业文明时代以来,在创造巨大物质财富的同时,人与自然深层次矛盾日益凸显,当前的新冠肺炎疫情更是触发了对人与自然关系的深刻反思。

大自然孕育抚养了人类，人类应该以自然为根，尊重自然、顺应自然、保护自然。中国站在对人类文明负责的高度，积极应对气候变化，构建人与自然生命共同体，推动形成人与自然和谐共生新格局。

（二）贯彻新发展理念

理念是行动的先导。立足新发展阶段，中国秉持创新、协调、绿色、开放、共享的新发展理念，加快构建新发展格局。在新发展理念中，绿色发展是永续发展的必要条件和人民对美好生活追求的重要体现，也是应对气候变化问题的重要遵循。绿水青山就是金山银山，保护生态环境就是保护生产力，改善生态环境就是发展生产力。应对气候变化代表了全球绿色低碳转型的大方向。中国摒弃损害甚至破坏生态环境的发展模式，顺应当代科技革命和产业变革趋势，抓住绿色转型带来的巨大发展机遇，以创新为驱动，大力推进经济、能源、产业结构转型升级，推动实现绿色复苏发展，让良好生态环境成为经济社会可持续发展的支撑。

（三）以人民为中心

气候变化给各国经济社会发展和人民生命财产安全带

来严重威胁,应对气候变化关系最广大人民的根本利益。减缓与适应气候变化不仅是增强人民群众生态环境获得感的迫切需要,而且可以为人民提供更高质量、更有效率、更加公平、更可持续、更为安全的发展空间。中国坚持人民至上、生命至上,呵护每个人的生命、价值、尊严,充分考虑人民对美好生活的向往、对优良环境的期待、对子孙后代的责任,探索应对气候变化和发展经济、创造就业、消除贫困、保护环境的协同增效,在发展中保障和改善民生,在绿色转型过程中努力实现社会公平正义,增加人民获得感、幸福感、安全感。

（四）大力推进碳达峰碳中和

实现碳达峰、碳中和是中国深思熟虑作出的重大战略决策,是着力解决资源环境约束突出问题、实现中华民族永续发展的必然选择,是构建人类命运共同体的庄严承诺。中国将碳达峰、碳中和纳入经济社会发展全局,坚持系统观念,统筹发展和减排、整体和局部、短期和中长期的关系,以经济社会发展全面绿色转型为引领,以能源绿色低碳发展为关键,加快形成节约资源和保护环境的产业结构、生产方式、生活方式、空间格局,坚定不移走生态优先、绿色低碳的高质量发展道路。

（五）减污降碳协同增效

二氧化碳和常规污染物的排放具有同源性，大部分来自化石能源的燃烧和利用。控制化石能源利用和碳排放对经济结构、能源结构、交通运输结构和生产生活方式都将产生深远的影响，有利于倒逼和推动经济结构绿色转型，助推高质量发展；有利于减缓气候变化带来的不利影响，减少对人民生命财产和经济社会造成的损失；有利于推动污染源头治理，实现降碳与污染物减排、改善生态环境质量协同增效；有利于促进生物多样性保护，提升生态系统服务功能。中国把握污染防治和气候治理的整体性，以结构调整、布局优化为重点，以政策协同、机制创新为手段，推动减污降碳协同增效一体谋划、一体部署、一体推进、一体考核，协同推进环境效益、气候效益、经济效益多赢，走出一条符合国情的温室气体减排道路。

二、实施积极应对气候变化
国家战略

中国是拥有 14 亿多人口的最大发展中国家,面临着发展经济、改善民生、污染治理、生态保护等一系列艰巨任务。尽管如此,为实现应对气候变化目标,中国迎难而上,积极制定和实施了一系列应对气候变化战略、法规、政策、标准与行动,推动中国应对气候变化实践不断取得新进步。

(一) 不断提高应对气候变化力度

中国确定的国家自主贡献新目标不是轻而易举就能实现的。中国要用 30 年左右的时间由碳达峰实现碳中和,完成全球最高碳排放强度降幅,需要付出艰苦努力。中国言行一致,采取积极有效措施,落实好碳达峰、碳中和战略部署。

加强应对气候变化统筹协调。应对气候变化工作覆盖面广、涉及领域众多。为加强协调、形成合力,中国成立由国务院总理任组长，30 个相关部委为成员的国家应对气候变化及节能减排工作领导小组，各省（区、市）均成立了省级应对气候变化及节能减排工作领导小组。2018 年 4 月，中国调整相关部门职能，由新组建的生态环境部负责应对气候变化工作，强化了应对气候变化与生态环境保护的协同。2021 年，为指导和统筹做好碳达峰碳中和工作，中国成立碳达峰碳中和工作领导小组。各省（区、市）陆续成立碳达峰碳中和工作领导小组，加强地方碳达峰碳中和工作统筹。

将应对气候变化纳入国民经济社会发展规划。自"十二五"开始，中国将单位国内生产总值（GDP）二氧化碳排放（碳排放强度）下降幅度作为约束性指标纳入国民经济和社会发展规划纲要，并明确应对气候变化的重点任务、重要领域和重大工程。中国"十四五"规划和 2035 年远景目标纲要将"2025 年单位 GDP 二氧化碳排放较 2020 年降低 18%"作为约束性指标。中国各省（区、市）均将应对气候变化作为"十四五"规划的重要内容，明确具体目标和工作任务。

建立应对气候变化目标分解落实机制。为确保规划目标落实，综合考虑各省（区、市）发展阶段、资源禀赋、战略定位、生态环保等因素,中国分类确定省级碳排放控制目标,并对省级政府开展控制温室气体排放目标责任进行考核,将其作为各省(区、市)主要负责人和领导班子综合考核评价、干部奖惩任免等重要依据。省级政府对下一级行政区域控制温室气体排放目标责任也开展相应考核,确保应对气候变化与温室气体减排工作落地见效。

不断强化自主贡献目标。2015 年,中国确定了到 2030 年的自主行动目标:二氧化碳排放 2030 年左右达到峰值并争取尽早达峰。截至 2019 年底,中国已经提前超额完成 2020 年气候行动目标。2020 年,中国宣布国家自主贡献新目标举措:中国二氧化碳排放力争于 2030 年前达到峰值,努力争取 2060 年前实现碳中和;到 2030 年,中国单位 GDP 二氧化碳排放将比 2005 年下降 65% 以上,非化石能源占一次能源消费比重将达到 25% 左右,森林蓄积量将比 2005 年增加 60 亿立方米,风电、太阳能发电总装机容量将达到 12 亿千瓦以上。相比 2015 年提出的自主贡献目标,时间更紧迫,碳排放强度削减幅度更大,非化石能源占一次能源消费比重再增加五个百分点,增加非化石能源装机容量目标,森林蓄积量再增加 15 亿立方米,明确争取 2060 年前实现碳中和。2021 年,中国宣布不再新建境外煤电项目,展现中国应对气候变化的实际行动。

加快构建碳达峰碳中和"1+N"政策体系。中国制定并发布碳达峰碳中和工作顶层设计文件,编制2030年前碳达峰行动方案,制定能源、工业、城乡建设、交通运输、农业农村等分领域分行业碳达峰实施方案,积极谋划科技、财政、金融、价格、碳汇、能源转型、减污降碳协同等保障方案,进一步明确碳达峰碳中和的时间表、路线图、施工图,加快形成目标明确、分工合理、措施有力、衔接有序的政策体系和工作格局,全面推动碳达峰碳中和各项工作取得积极成效。

(二) 坚定走绿色低碳发展道路

中国一直本着负责任的态度积极应对气候变化,将应对气候变化作为实现发展方式转变的重大机遇,积极探索符合中国国情的绿色低碳发展道路。走绿色低碳发展的道路,既不会超出资源、能源、环境的极限,又有利于实现碳达峰、碳中和目标,把地球家园呵护好。

实施减污降碳协同治理。实现减污降碳协同增效是中国新发展阶段经济社会发展全面绿色转型的必然选择。中国2015年修订的大气污染防治法专门增加条款,为实施大气污染物和温室气体协同控制和开展减污降碳协同增效工作提供法治基础。为加快推进应对气候变化与生态环境保护相关职能协同、工作协同和机制协同,中国从战略规划、政策法规、制度体系、试点示范、国际合作等方面,明确统筹和加强应对气候变化与生态环境保护的主要领域和重点任务。中国围绕打好污染防治攻坚战,重点把蓝天保卫战、柴油货车治理、长江保护修复、渤海综合治理、城市黑臭水体治理、水源地保护、农业农村污染治理七场标志性重大战役作为突破口和"牛鼻子",制定作战计划和方案,细化目标任务、重点举措和保障条件,以重点突破带动整体推进,推动生态环境质量明显改善。

加快形成绿色发展的空间格局。国土是生态文明建设的空间载体,必须尊重自然,给自然生态留下休养生息的时间和空间。中国主动作为,精准施策,科学有序统筹布局农业、生态、城镇等功能空间,开展永久基本农田、生态保护红线、城镇开发边界"三条控制线"划定试点工作。将自然保护地、未纳入自然保护地但生态功能极重要生态极脆弱的区域,以及具有潜在重要生态价值的区域划入生态保护红线,推动生态系统休养生息,提高固碳能力。

大力发展绿色低碳产业。建立健全绿色低碳循环发展经济体系,促进经济社会发展全面绿色转型,是解决资源环境生态问题的基础之策。为推动形成绿色发展方式和生活方式，中国制定国家战略性新兴产业发展规划，以绿色低碳技术创新和应用为重点，引导绿色消费，推广绿色产品，提升新能源汽车和新能源的应用比例，全面推进高效节能、先进环保和资源循环利用产业体系建设，推动新能源汽车、新能源和节能环保产业快速壮大，积极推进统一的绿色产品认证与标识体系建设，增加绿色产品供给，积极培育绿色市场。持续推进产业结构调整，发布并持续修订产业指导目录，引导社会投资方向，改造提升传统产业，推动制造业高质量发展，大力培育发展新兴产业，更有力支持节能环保、清洁生产、清洁能源等绿色低碳产业发展。

坚决遏制高耗能高排放项目盲目发展。中国持续严格控制高耗能、高排放（以下简称"两高"）项目盲目扩张，依法依规淘汰落后产能，加快化解过剩产能。严格执行钢铁、铁合金、焦化等13个行业准入条件，提高在土地、环保、节能、技术、安全等方面的准入标准，落实国家差别电价政策，提高高耗能产品差别电价标准，扩大差别电价实施范围。公布12批重点工业行业淘汰落后产能企业名单，2018年至2020年连续开展淘汰落后产能督查检查，持续推动落后产能依法依规退出。中国把坚决遏制"两高"项目盲目发展作为抓好碳达峰碳中和工作的当务之急和重中之重,组织各地区全面梳理摸排"两高"项目,分类提出处置意见,开展"两高"项目专项检查,严肃查处违规建设运行的"两高"项目,对"两高"项目实行清单管理、分类处置、动态监控。建立通报批评、用能预警、约谈问责等工作机制,逐步形成一套完善的制度体系和监管体系。

优化调整能源结构。能源领域是温室气体排放的主要来源,中国不断加大节能减排力度,加快能源结构调整,构建清洁低碳安全高效的能源体系。确立能源安全新战略,推动能源消费革命、供给革命、技术革命、体制革命,全方位加强国际合作,优先发展非化石能源,推进水电绿色发展,全面协调推进风电和太阳能发电开发,在确保安全的前提下有序发展核电,因地制宜发展生物质能、地热能和海洋能,全面提升可再生能源利用率。积极推动煤炭供给侧结构性改革,化解煤炭过剩产能,加强煤炭安全智能绿色开发和清洁高效开发利用,推动煤电行业清洁高效高质量发展,大力推动煤炭消费减量替代和散煤综合治理,推进终端用能领域以电代煤、以电代油。深化能源体制改革,促进能源资源高效配置。

强化能源节约与能效提升。为进一步强化节约能源和提升能效目标责任落实,中国实施能源消费强度和总量双控制度,设定省级能源消费强度和总量控制目标并进行监督考核。把节能指标纳入生态文明、绿色发展等绩效评价指标体系,引导转变发展理念。强化重点用能单位节能管理,组织实施节能重点工程,加强先进节能技术推广,发布煤炭、电力、钢铁、有色、石化、化工、建材等13个行业共260项重点节能技术。建立能效"领跑者"制度,健全能效标识制度,发布15批实行能源效率标识的产品目录及相关实施细则。加快推行合同能源管理,强化节能法规标准约束,发布实施340多项国家节能标准,积极推动节能产品认证,已颁发节能产品认证证书近5万张,助力节能行业发展。加强公共机构节能增效示范引领,35%左右的县级及以上党政机关建成节约型机关,中央国家机关本级全部建成节约型机关,累计创建5114家节约型公共机构示范单位。加强工业领域节能,实施国家工业专项节能监察、工业节能诊断行动、通用设备能效提升行动及工业节能与绿色标准化行动等。加强需求侧管理,大力开展工业领域电力需求侧管理示范企业(园区)创建及参考产品(技术)遴选工作,实现用电管理可视化、自动化、智能化。

推动自然资源节约集约利用。为推进生态文明建设,中国把坚持节约资源和保护环境作为一项基本国策。大力节约集约利用资源,推动资源利用方式根本转变,深化增量安排与消化存量挂钩机制,改革土地计划管理方式,倒逼各省(区、市)下大力气盘活存量。严格土地使用标准控制,先后组织开展了公路、工业、光伏、机场等用地标准的制修订工作,严格依据标准审核建设项目土地使用情况。开展节约集约用地考核评价,大力推广节地技术和节地模式。积极推动矿业绿色发展。加大绿色矿山建设力度,全面建立和实施矿产资源开采利用最低指标和"领跑者"指标管理制度,发布 360 项矿产资源节约和综合利用先进适用技术。加强海洋资源用途管制,除国家重大项目外,全面禁止围填海。积极推进围填海历史遗留问题区域生态保护修复,严格保护自然岸线。

积极探索低碳发展新模式。中国积极探索低碳发展模式,鼓励地方、行业、企业因地制宜探索低碳发展路径,在能源、工业、建筑、交通等领域开展绿色低碳相关试点示范,初步形成了全方位、多层次的低碳试点体系。中国先后在 10 个省(市)和 77 个城市开展低碳试点工作,在组织领导、配套政策、市场机制、统计体系、评价考核、协同示范和合作交流等方面探索低碳发展模式和制度创新。试点地区碳排放强度下降幅度总体快于全国平均水平,形成了一批各具特色的低碳发展模式。

(三)加大温室气体排放控制力度

中国将应对气候变化全面融入国家经济社会发展的总战略,采取积极措施,有效控制重点工业行业温室气体排放,推动城乡建设和建筑领域绿色低碳发展,构建绿色低碳交通体系,推动非二氧化碳温室气体减排,统筹推进山水林田湖草沙系统治理,严格落实相关举措,持续提升生态碳汇能力。

有效控制重点工业行业温室气体排放。强化钢铁、建材、化工、有色金属等重点行业能源消费及碳排放目标管理,实施低碳标杆引领计划,推动重点行业企业开展碳排放对标活动,推行绿色制造,推进工业绿色化改造。加强工业过程温室气体排放控制,通过原料替代、改善生产工艺、改进设备使用等措施积极控制工业过程温室气体排放。加强再生资源回收利用,提高资源利用效率,减少资源全生命周期二氧化碳排放。

推动城乡建设领域绿色低碳发展。建设节能低碳城市和相关基础设施,以绿色发展引领乡村振兴。推广绿色建筑,逐步完善绿色建筑评价标准体系。开展超低能耗、近零能耗建筑示范。推动既有居住建筑节能改造,提升公共建筑能效水平,加强可再生能源建筑应用。大力开展绿色低碳宜居村镇建设,结合农村危房改造开展建筑节能示范,引导农户建设节能农房,加快推进中国北方地区冬季清洁取暖。

构建绿色低碳交通体系。调整运输结构,减少大宗货物公路运输量,增加铁路和水路运输量。以"绿色货运配送示范城市"建设为契机,加快建立"集约、高效、绿色、智能"的城市货运配送服务体系。提升铁路电气化水平,推广天然气车船,完善充换电和加氢基础设施,加大新能源汽车推广应用力度,鼓励靠港船舶和民航飞机停靠期间使用岸电。完善绿色交通制度和标准,发布相关标准体系、行动计划和方案,在节能减碳等方面发布了221项标准,积极推动绿色出行,已有100多个城市开展了绿色出行创建行动,每年在全国组织开展绿色出行宣传月和公交出行宣传周活动。加快交通燃料替代和优化,推动交通排放标准与油品标准升级,通过信息化手段提升交通运输效率。

推动非二氧化碳温室气体减排。中国历来重视非二氧化碳温室气体排放,在《国家应对气候变化规划(2014—

2020 年）》及控制温室气体排放工作方案中都明确了控制非二氧化碳温室气体排放的具体政策措施。自 2014 年起对三氟甲烷（HFC－23）的处置给予财政补贴。截至 2019 年，共支付补贴约 14.17 亿元，累计削减 6.53 万吨 HFC－23，相当于减排 9.66 亿吨二氧化碳当量。严格落实《消耗臭氧层物质管理条例》和《关于消耗臭氧层物质的蒙特利尔议定书》，加大环保制冷剂的研发，积极推动制冷剂再利用和无害化处理。引导企业加快转换为采用低全球增温潜势（GWP）制冷剂的空调生产线，加速淘汰氢氯氟碳化物（HCFCs）制冷剂，限控氢氟碳化物（HFCs）的使用。成立"中国油气企业甲烷控排联盟"，推进全产业链甲烷控排行动。中国接受《〈关于消耗臭氧层物质的蒙特利尔议定书〉基加利修正案》，保护臭氧层和应对气候变化进入新阶段。

持续提升生态碳汇能力。统筹推进山水林田湖草沙系统治理，深入开展大规模国土绿化行动，持续实施三北、长江等防护林和天然林保护，东北黑土地保护，高标准农田建设，湿地保护修复，退耕还林还草，草原生态修复，京津风沙源治理，荒漠化、石漠化综合治理等重点工程。稳步推进城乡绿化，科学开展森林抚育经营，精准提升森林质量，积极发展生物质能源，加强林草资源保护，持续增加林草资源总量,巩固提升森林、草原、湿地生态系统碳汇能力。构建以国家公园为主体的自然保护地体系,正式设立第一批 5 个国家公园,开展自然保护地整合优化。建立健全生态保护修复制度体系,统筹编制生态保护修复规划,实施蓝色海湾整治行动、海岸带保护修复工程、渤海综合治理攻坚战行动、红树林保护修复专项行动。开展长江干流和主要支流两侧、京津冀周边和汾渭平原重点城市、黄河流域重点地区等重点区域历史遗留矿山生态修复,在青藏高原、黄河、长江等 7 大重点区域布局生态保护和修复重大工程,支持 25 个山水林田湖草生态保护修复工程试点。出台社会资本参与整治修复的系列文件,努力建立市场化、多元化生态修复投入机制。中国提出的"划定生态保护红线,减缓和适应气候变化案例"成功入选联合国"基于自然的解决方案"全球 15 个精品案例,得到了国际社会的充分肯定和高度认可。

（四） 充分发挥市场机制作用

碳市场为处理好经济发展与碳减排关系提供了有效途径。全国碳排放权交易市场（以下简称全国碳市场）是利用市场机制控制和减少温室气体排放、推动绿色低碳发展的重大制度创新,也是落实中国二氧化碳排放达峰目标与碳中和愿景的重要政策工具。

开展碳排放权交易试点工作。碳市场可将温室气体控排责任压实到企业,利用市场机制发现合理碳价,引导碳排放资源的优化配置。2011年10月,碳排放权交易地方试点工作在北京、天津、上海、重庆、广东、湖北、深圳7个省、市启动。2013年起,7个试点碳市场陆续开始上线交易,覆盖了电力、钢铁、水泥20多个行业近3000家重点排放单位。截至2021年9月30日,7个试点碳市场累计配额成交量4.95亿吨二氧化碳当量,成交额约119.78亿元。试点碳市场重点排放单位履约率保持较高水平,市场覆盖范围内碳排放总量和强度保持双降趋势,有效促进了企业温室气体减排,强化了社会各界低碳发展的意识。碳市场地方试点为全国碳市场建设摸索了制度,锻炼了人才,积累了经验,奠定了基础,为全国碳市场建设积累了宝贵经验。

持续推进全国碳市场制度体系建设。制度体系是推进碳市场建设的重要保障,为更好地推进完善碳交易市场,先后印发《全国碳排放权交易市场建设方案(发电行业)》,出台《碳排放权交易管理办法(试行)》,印发全国碳市场第一个履约周期配额分配方案。2021年以来,陆续发布了企业温室气体排放报告、核查技术规范和碳排放权登记、交易、结算三项管理规则,初步构建起全国碳市场制度体系。积极推动《碳排放权交易管理暂行条例》立法进程,夯实碳排放权交易的法律基础,规范全国碳市场运行和管理的各重点环节。

启动全国碳市场上线交易。2021 年 7 月 16 日,全国碳市场上线交易正式启动。纳入发电行业重点排放单位2162 家,覆盖约 45 亿吨二氧化碳排放量,是全球规模最大的碳市场。全国碳市场上线交易得到国内国际高度关注和积极评价。截至 2021 年 9 月 30 日,全国碳市场碳排放配额累计成交量约 1765 万吨,累计成交金额约 8.01 亿元,市场运行总体平稳有序。

建立温室气体自愿减排交易机制。为调动全社会自觉参与碳减排活动的积极性,体现交易主体的社会责任和低碳发展需求,促进能源消费和产业结构低碳化,2012 年,中国建立温室气体自愿减排交易机制。截至 2021 年 9 月 30日,自愿减排交易累计成交量超过 3.34 亿吨二氧化碳当量,成交额逾 29.51 亿元,国家核证自愿减排量(CCER)已被用于碳排放权交易试点市场配额清缴抵销或公益性注销,有效促进了能源结构优化和生态保护补偿。

（五）增强适应气候变化能力

广大发展中国家由于生态环境、产业结构和社会经济发展水平等方面的原因，适应气候变化的能力普遍较弱，比发达国家更易受到气候变化的不利影响。中国是全球气候变化的敏感区和影响显著区，中国把主动适应气候变化作为实施积极应对气候变化国家战略的重要内容，推进和实施适应气候变化重大战略，开展重点区域、重点领域适应气候变化行动，强化监测预警和防灾减灾能力，努力提高适应气候变化能力和水平。

推进和实施适应气候变化重大战略。为统筹开展适应气候变化工作，2013年，中国制定了国家适应气候变化战略，明确了2014年至2020年国家适应气候变化工作的指导思想和原则、主要目标，制定实施基础设施、农业、水资源、海岸带和相关海域、森林和其他生态系统、人体健康、旅游业和其他产业七大重点任务等。2020年，中国启动编制《国家适应气候变化战略2035》，着力加强统筹指导和沟通协调，强化气候变化影响观测评估，提升重点领域和关键脆弱区域适应气候变化能力。

开展重点区域适应气候变化行动。在城市地区，制定城市适应气候变化行动方案,开展海绵城市以及气候适应型城市试点,提升城市基础设施建设的气候韧性,通过城市组团式布局和绿廊、绿道、公园等城市绿化环境建设,有效缓解城市热岛效应和相关气候风险,提升国家交通网络对低温冰雪、洪涝、台风等极端天气适应能力。在沿海地区,组织开展年度全国海平面变化监测、影响调查与评估,严格管控围填海,加强滨海湿地保护,提高沿海重点地区抵御气候变化风险能力。在其他重点生态地区,开展青藏高原、西北农牧交错带、西南石漠化地区、长江与黄河流域等生态脆弱地区气候适应与生态修复工作,协同提高适应气候变化能力。

推进重点领域适应气候变化行动。在农业领域,加快转变农业发展方式,推进农业可持续发展,启动实施东北地区秸秆处理等农业绿色发展五大行动,提升农业减排固碳能力。大力研发推广防灾减灾增产、气候资源利用等农业气象灾害防御和适应新技术,完成农业气象灾害风险区划5000多项。在林业和草原领域,因地制宜、适地适树科学造林绿化,优化造林模式,培育健康森林,全面提升林业适应气候变化能力。加强各类林地的保护管理,构建以国家公园为主体的自然保护地体系,实施草原保护修复重大工程,恢复和增强草原生态功能。在水资源领域,完善防洪减灾体系,加强水利基础设施建设,提升水资源优化配置和水旱灾害防御能力。实施国家节水行动,建立水资源刚性约束制度,推进水资源消耗总量和强度双控,提高水资源集约节约利用水平。在公众健康领域,组织开展气候变化健康风险评估,提升中国适应气候变化保护人群健康能力。启动实施"健康环境促进行动",开展气候敏感性疾病防控工作,加强应对气候变化卫生应急保障。

强化监测预警和防灾减灾能力。强化自然灾害风险监测、调查和评估,完善自然灾害监测预警预报和综合风险防范体系。建立了全国范围内多种气象灾害长时间序列灾情数据库,完成国家级精细化气象灾害风险预警业务平台建设。建立空天地一体化的自然灾害综合风险监测预警系统,定期发布全国自然灾害风险形势报告。发布综合防灾减灾规划,指导气候变化背景下防灾减灾救灾工作。实施自然灾害防治九项重点工程建设,推动自然灾害防治能力持续提升,重点加强强对流天气、冰川灾害、堰塞湖等监测预警和会商研判。发挥国土空间规划对提升自然灾害防治能力的基础性作用。实现基层气象防灾减灾标准化全国县(区)全覆盖。

（六）持续提升应对气候变化支撑水平

中国高度重视应对气候变化支撑保障能力建设，不断完善温室气体排放统计核算体系，发挥绿色金融重要作用，提升科技创新支撑能力，积极推动应对气候变化技术转移转化。

完善温室气体排放统计核算体系。建立健全温室气体排放基础统计制度，提出涵盖气候变化及影响等5大类36个指标的应对气候变化统计指标体系，在此基础上构建应对气候变化统计报表制度，持续对统计报表进行整体更新与修订。编制国家温室气体清单，在已提交中华人民共和国气候变化初始国家信息通报的基础上，提交两次国家信息通报和两次两年更新报告。推动企业温室气体排放核算和报告，印发24个行业企业温室气体排放核算方法与报告指南，组织开展企业温室气体排放报告工作。碳达峰碳中和工作领导小组办公室设立碳排放统计核算工作组，加快完善碳排放统计核算体系。

加强绿色金融支持。中国不断加大资金投入，支持应对气候变化工作。加强绿色金融顶层设计，先后在浙江、江西、广东、贵州、甘肃、新疆等六省（区）九地设立了绿色金融改革创新试验区,强化金融支持绿色低碳转型功能,引导试验区加快经验复制推广。出台气候投融资综合配套政策,统筹推进气候投融资标准体系建设,强化市场资金引导机制,推动气候投融资试点工作。大力发展绿色信贷,完善绿色债券配套政策,发布相关支持项目目录,有效引导社会资本支持应对气候变化。截至2020年末,中国绿色贷款余额11.95万亿元,其中清洁能源贷款余额为3.2万亿元,绿色债券市场累计发行约1.2万亿元,存量规模达8000亿元,位于世界第二。

强化科技创新支撑。科技创新在发现、揭示和应对气候变化问题中发挥着基础性作用,在推动绿色低碳转型中将发挥关键性作用。中国先后发布应对气候变化相关科技创新专项规划、技术推广清单、绿色产业目录,全面部署了应对气候变化科技工作,持续开展应对气候变化基础科学研究,强化智库咨询支持,加强低碳技术研发应用。国家重点研发计划开展10余个应对气候变化科技研发重大专项,积极推广温室气体削减和利用领域143项技术的应用。鼓励企业牵头绿色技术研发项目,支持绿色技术成果转移转化,建立综合性国家级绿色技术交易市场,引导企业采用先进适用的节能低碳新工艺和技术。成立二氧化碳捕集、利用与封存(以下简称 CCUS)创业技术创新战略联盟、CCUS专委会等专门机构,持续推动 CCUS 领域技术进步、成果转化。

三、中国应对气候变化
发生历史性变化

中国坚持创新、协调、绿色、开放、共享的新发展理念，立足国内、胸怀世界，以中国智慧和中国方案推动经济社会绿色低碳转型发展不断取得新成效，以大国担当为全球应对气候变化作出积极贡献。

（一）经济发展与减污降碳协同效应凸显

中国坚定不移走绿色、低碳、可持续发展道路，致力于将绿色发展理念融汇到经济建设的各方面和全过程，绿色已成为经济高质量发展的亮丽底色，在经济社会持续健康发展的同时，碳排放强度显著下降。2020 年中国碳排放强度比 2015 年下降 18.8%，超额完成"十三五"约束性目标，比 2005 年下降 48.4%，超额完成了中国向国际社会承诺的到 2020 年下降 40%—45% 的目标，累计少排放二氧化碳约 58 亿吨，基本扭转了二氧化碳排放快速增长的局面。与此同时,中国经济实现跨越式发展,2020 年 GDP 比 2005 年增长超 4 倍,取得了近 1 亿农村贫困人口脱贫的巨大胜利,完成了消除绝对贫困的艰巨任务。中国生态环境保护工作也取得历史性成就,环境"颜值"普遍提升,美丽中国建设迈出坚实步伐。"十三五"规划纲要确定的生态环境约束性指标均圆满超额完成。其中,全国地级及以上城市优良天数比率为 87%(目标 84.5%);PM2.5 未达标地级及以上城市平均浓度相比 2015 年下降 28.8%(目标 18%);全国地表水优良水质断面比例提高到 83.4%(目标 70%);劣 V 类水体比例下降到 0.6%(目标 5%);二氧化硫、氮氧化物、化学需氧量、氨氮排放量和单位 GDP 二氧化碳排放指标,均在 2019 年提前完成"十三五"目标基础上继续保持下降。污染防治攻坚战阶段性目标任务高质量完成。蓝天、碧水、净土保卫战,七大标志性战役取得决定性成效。重污染天数明显减少。

(二)能源生产和消费革命取得显著成效

中国坚定不移实施能源安全新战略,能源生产和利用方式发生重大变革,能源发展取得历史性成就,为服务高质量发展、打赢脱贫攻坚战和全面建成小康社会提供重要支

图1 2011—2020 年中国二氧化碳排放强度和国内生产总值

撑，为应对气候变化、建设清洁美丽世界作出积极贡献。

非化石能源快速发展。中国把非化石能源放在能源发展优先位置，大力开发利用非化石能源，推进能源绿色低碳转型。初步核算，2020 年，中国非化石能源占能源消费总量比重提高到 15.9%，比 2005 年大幅提升了 8.5 个百分点；中国非化石能源发电装机总规模达到 9.8 亿千瓦，占总装机的比重达到 44.7%，其中，风电、光伏、水电、生物质发电、核电装机容量分别达到 2.8 亿千瓦、2.5 亿千瓦、3.7 亿千瓦、2952 万千瓦、4989 万千瓦，光伏和风电装机容量较 2005 年分别增加了 3000 多倍和 200 多倍。非化石能源发电量达到 2.6 万亿千瓦时，占全社会用电量的比重达到三分之一以上。

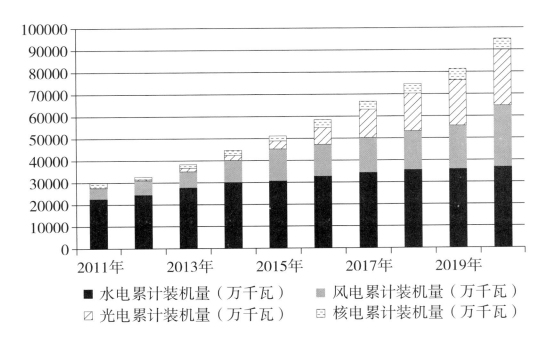

图 2　2011—2020 年中国非化石能源发电装机容量

　　能耗强度显著降低。中国是全球能耗强度降低最快的国家之一,初步核算,2011 年至 2020 年中国能耗强度累计下降 28.7%。"十三五"期间,中国以年均 2.8% 的能源消费量增长支撑了年均 5.7% 的经济增长,节约能源占同时期全球节能量的一半左右。中国煤电机组供电煤耗持续保持世界先进水平,截至 2020 年底,中国达到超低排放水平的煤电机组约 9.5 亿千瓦,节能改造规模超过 8 亿千瓦,火电厂平均供电煤耗降至 305.8 克标煤/千瓦时,较 2010 年下降超过 27 克标煤/千瓦时。据测算,供电能耗降低使 2020

年火电行业相比 2010 年减少二氧化碳排放 3.7 亿吨。2016 年至 2020 年,中国发布强制性能耗限额标准 16 项,实现年节能量 7700 万吨标准煤,相当于减排二氧化碳 1.48 亿吨;发布强制性产品设备能效标准 26 项,实现年节电量 490 亿千瓦时。

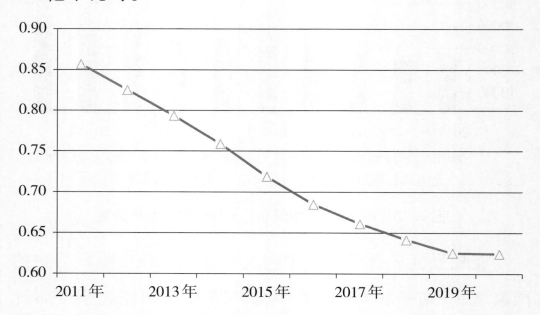

图 3　2011—2020 年中国能耗强度(单位:吨标准煤/万元国内生产总值)

　　能源消费结构向清洁低碳加速转化。为应对化石能源燃烧所带来的环境污染和气候变化问题,中国严控煤炭消费,煤炭消费占比持续明显下降。2020 年中国能源消费总量控制在 50 亿吨标准煤以内,煤炭占能源消费总量比重由 2005 年的 72.4% 下降至 2020 年的 56.8%。中国超额完成"十三五"煤炭去产能、淘汰煤电落后产能目标任务,累计淘汰煤电落后产能 4500 万千瓦以上。截至 2020 年底,中国北方地区冬季清洁取暖率已提升到 60% 以上,京津冀及周边地区、汾渭平原累计完成散煤替代 2500 万户左右,削减散煤约 5000 万吨,据测算,相当于少排放二氧化碳约 9200 万吨。

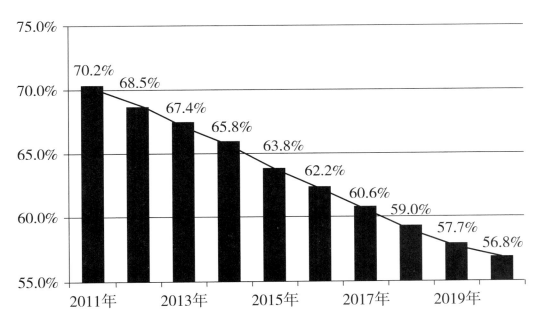

图 4 2011—2020 年中国煤炭消费量占能源消费总量比例

能源发展有力支持脱贫攻坚。中国实施能源扶贫工程,通过合理开发利用贫困地区能源资源,有效提升了贫困地区自身“造血”能力,为贫困地区经济发展增添新动能。中国累计建成超过 2600 万千瓦光伏扶贫电站,成千上万座“阳光银行”遍布贫困农村地区,惠及约 6 万个贫困村、415

万贫困户,形成了光伏与农业融合发展的创新模式,助力打赢脱贫攻坚战。

(三)产业低碳化为绿色发展提供新动能

中国坚持把生态优先、绿色发展的要求落实到产业升级之中,持续推动产业绿色低碳化和绿色低碳产业化,努力走出了一条产业发展和环境保护双赢的生态文明发展新路。

产业结构进一步优化。应对气候变化为中国产业绿色低碳发展赋予新使命,带来新机遇。2020 年中国第三产业增加值占 GDP 比重达到 54.5%,比 2015 年提高 3.7 个百分点,高于第二产业 16.7 个百分点。节能环保等战略性新兴产业快速壮大并逐步成为支柱产业,高技术制造业增加值占规模以上工业增加值比重为 15.1%。"十三五"期间,中国高耗能项目产能扩张得到有效控制,石化、化工、钢铁等重点行业转型升级加速,提前两年完成"十三五"化解钢铁过剩产能 1.5 亿吨上限目标任务,全面取缔"地条钢"产能 1 亿多吨。据测算,截至 2020 年,中国单位工业增加值二氧化碳排放量比 2015 年下降约 22%。2020 年主要资源产出率比 2015 年提高约 26%,废钢、废纸累计利用量分别达到约 2.6 亿吨、5490 万吨，再生有色金属产量达到 1450 万吨。

新能源产业蓬勃发展。随着新一轮科技革命和产业变革孕育兴起，新能源汽车产业正进入加速发展的新阶段。中国新能源汽车生产和销售规模连续 6 年位居全球第一，截至 2021 年 6 月，新能源汽车保有量已达 603 万辆。中国风电、光伏发电设备制造形成了全球最完整的产业链，技术水平和制造规模居世界前列，新型储能产业链日趋完善，技术路线多元化发展，为全球能源清洁低碳转型提供了重要保障。截至 2020 年底，中国多晶硅、光伏电池、光伏组件等产品产量占全球总产量份额均位居全球第一，连续 8 年成为全球最大新增光伏市场；光伏产品出口到 200 多个国家及地区，降低了全球清洁能源使用成本；新型储能装机规模约 330 万千瓦，位居全球第一。

绿色节能建筑跨越式增长。以绿色发展理念为牵引，中国全面深入推进绿色建筑和建筑节能，充分释放建筑领域巨大的碳减排潜力。截至 2020 年底，城镇新建绿色建筑占当年新建建筑比例高达 77%，累计建成绿色建筑面积超过 66 亿平方米。累计建成节能建筑面积超过 238 亿平方米，节能建筑占城镇民用建筑面积比例超过 63%。"十三

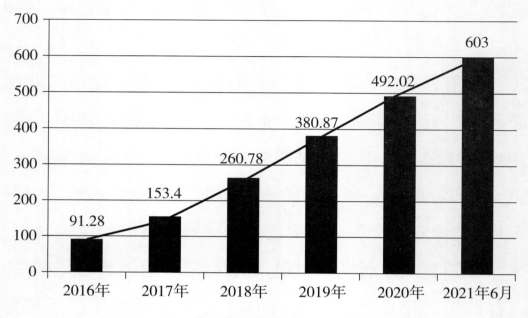

图 5　中国新能源汽车保有量（单位：万辆）

五"期间,城镇新建建筑节能标准进一步提高,完成既有居住建筑节能改造面积 5.14 亿平方米,公共建筑节能改造面积 1.85 亿平方米。可再生能源替代民用建筑常规能源消耗比重达到 6%。

绿色交通体系日益完善。中国坚定不移推进交通领域节能减排,走出了一条能耗排放做"减法"、经济发展做"加法"的新路子。综合运输网络不断完善,大宗货物运输"公转铁"、"公转水"、江海直达运输、多式联运发展持续推进;铁路货运量占全社会货运量比例较 2017 年增长近两个百分点,水路货运量较 2010 年增加了 38.27 亿吨,集装箱铁水联运量"十三五"期间年均增长超过23%。城市低碳交通系统建设成效显著,截至2020年底,31个省(区、市)中有87个城市开展了国家公交都市建设,43个城市开通运营城市轨道交通。"十三五"期间城市公共交通累计完成客运量超4270亿人次,城市公共交通机动化出行分担率稳步提高。

(四) 生态系统碳汇能力明显提高

中国坚持多措并举,有效发挥森林、草原、湿地、海洋、土壤、冻土等的固碳作用,持续巩固提升生态系统碳汇能力。中国是全球森林资源增长最多和人工造林面积最大的国家,成为全球"增绿"的主力军。2010年至2020年,中国实施退耕还林还草约1.08亿亩。"十三五"期间,累计完成造林5.45亿亩、森林抚育6.37亿亩。2020年底,全国森林面积2.2亿公顷,全国森林覆盖率达到23.04%,草原综合植被覆盖度达到56.1%,湿地保护率达到50%以上,森林植被碳储备量91.86亿吨,"地球之肺"发挥了重要的碳汇价值。"十三五"期间,中国累计完成防沙治沙任务1097.8万公顷,完成石漠化治理面积165万公顷,新增水土流失综合治理面积31万平方公里,塞罕坝、库布齐等创造了一个个"荒漠变绿洲"的绿色传奇;修复退化湿地 46.74 万公顷，新增湿地面积 20.26 万公顷。截至 2020 年底，中国建立了国家级自然保护区 474 处，面积超过国土面积的十分之一，累计建成高标准农田 8 亿亩，整治修复岸线 1200 公里，滨海湿地 2.3 万公顷，生态系统碳汇功能得到有效保护。

（五）绿色低碳生活成为新风尚

践行绿色生活已成为建设美丽中国的必要前提，也正在成为全社会共建美丽中国的自觉行动。中国长期开展"全国节能宣传周""全国低碳日""世界环境日"等活动，向社会公众普及气候变化知识，积极在国民教育体系中突出包括气候变化和绿色发展在内的生态文明教育，组织开展面向社会的应对气候变化培训。"美丽中国，我是行动者"活动在中国大地上如火如荼展开。以公交、地铁为主的城市公共交通日出行量超过 2 亿人次，骑行、步行等城市慢行系统建设稳步推进，绿色、低碳出行理念深入人心。从"光盘行动"、反对餐饮浪费、节水节纸、节电节能，到环保装修、拒绝过度包装、告别一次性用品，"绿色低碳节俭风"吹进千家万户，简约适度、绿色低碳、文明健康的生活方式成为社会新风尚。

四、共建公平合理、合作共赢的全球气候治理体系

面对复杂形势和诸多挑战,应对气候变化任重道远,需要全球广泛参与、共同行动。中国呼吁国际社会紧急行动起来,全面加强团结合作,坚持多边主义,坚定维护以联合国为核心的国际体系、以国际法为基础的国际秩序,坚定维护《联合国气候变化框架公约》及其《巴黎协定》确定的目标、原则和框架,全面落实《巴黎协定》,努力推动构建公平合理、合作共赢的全球气候治理体系。

(一) 全球应对气候变化面临严峻挑战

工业革命以来的人类活动,特别是发达国家大量消费化石能源所产生的二氧化碳累积排放,导致大气中温室气体浓度显著增加,加剧了以变暖为主要特征的全球气候变化。世界气象组织发布的《2020 年全球气候状况》报告表明,2020 年全球平均温度较工业化前水平高出约 1.2℃,

2011 年至 2020 年是有记录以来最暖的 10 年。2021 年政府间气候变化专门委员会发布的第六次评估报告第一工作组报告表明,人类活动已造成气候系统发生了前所未有的变化。1970 年以来的 50 年是过去两千年以来最暖的 50 年。预计到本世纪中期,气候系统的变暖仍将持续。

气候变化对全球自然生态系统产生显著影响,全球许多区域出现并发极端天气气候事件和复合型事件的概率和频率大大增加,高温热浪及干旱并发,极端海平面和强降水叠加造成复合型洪涝事件加剧。2021 年,有的地区遭遇强降雨,并引发洪涝灾害,有的地区气温创下历史新高,有的地区森林火灾频发。全球变暖正在影响地球上每一个地区,其中许多变化不可逆转,温度升高、海平面上升、极端气候事件频发给人类生存和发展带来严峻挑战,对全球粮食、水、生态、能源、基础设施以及民众生命财产安全构成长期重大威胁,应对气候变化刻不容缓。

(二)中国为全球气候治理注入强大动力

中国一贯高度重视应对气候变化国际合作,积极参与气候变化谈判,推动达成和加快落实《巴黎协定》,以中国理念和实践引领全球气候治理新格局,逐步站到了全球气候治理舞台的中央。

领导人气候外交增强全球气候治理凝聚力。习近平主席多次在重要会议和活动中阐释中国的全球气候治理主张,推动全球气候治理取得重大进展。2015年,习近平主席出席气候变化巴黎大会并发表重要讲话,为达成2020年后全球合作应对气候变化的《巴黎协定》作出历史性贡献。2016年9月,习近平主席亲自交存中国批准《巴黎协定》的法律文书,推动《巴黎协定》快速生效,展示了中国应对气候变化的雄心和决心。在全球气候治理面临重大不确定性时,习近平主席多次表明中方坚定支持《巴黎协定》的态度,为推动全球气候治理指明了前进方向,注入了强劲动力。2020年9月,习近平主席在第七十五届联合国大会一般性辩论上宣布中国将提高国家自主贡献,表明了中国全力推进新发展理念的坚定意志,彰显了中国愿为全球应对气候变化作出新贡献的明确态度。2020年12月,习近平主席在气候雄心峰会上进一步宣布到2030年中国二氧化碳减排、非化石能源发展、森林蓄积量提升等一系列新目标。2021年9月,习近平主席出席第七十六届联合国大会一般性辩论时提出,中国将大力支持发展中国家能源绿色低碳发展,不再新建境外煤电项目,展现了中国负责任大国的责任担当。2021 年 10 月，习近平主席出席《生物多样性公约》第十五次缔约方大会领导人峰会并发表主旨讲话，强调为推动实现碳达峰、碳中和目标，中国将陆续发布重点领域和行业碳达峰实施方案和一系列支撑保障措施，构建起碳达峰、碳中和"1+N"政策体系；中国将持续推进产业结构和能源结构调整，大力发展可再生能源，在沙漠、戈壁、荒漠地区加快规划建设大型风电光伏基地项目，第一期装机容量约 1 亿千瓦的项目已于近期有序开工。

积极建设性参与气候变化国际谈判。中国坚持公平、共同但有区别的责任和各自能力原则，坚持按照公开透明、广泛参与、缔约方驱动和协商一致的原则，引导和推动了《巴黎协定》等重要成果文件的达成。中国推动发起建立了"基础四国"部长级会议和气候行动部长级会议等多边磋商机制，积极协调"基础四国""立场相近发展中国家""七十七国集团和中国"应对气候变化谈判立场，为维护发展中国家团结、捍卫发展中国家共同利益发挥了重要作用。积极参加二十国集团（G20）、国际民航组织、国际海事组织、金砖国家会议等框架下气候议题磋商谈判，调动发挥多渠道协同效应，推动多边进程持续向前。

为广大发展中国家应对气候变化提供力所能及的支持

和帮助。中国秉持"授人以渔"理念,积极同广大发展中国家开展应对气候变化南南合作,尽己所能帮助发展中国家特别是小岛屿国家、非洲国家和最不发达国家提高应对气候变化能力,减少气候变化带来的不利影响,中国应对气候变化南南合作成果看得见、摸得着、有实效。2011年以来,中国累计安排约12亿元用于开展应对气候变化南南合作,与35个国家签署40份合作文件,通过建设低碳示范区,援助气象卫星、光伏发电系统和照明设备、新能源汽车、环境监测设备、清洁炉灶等应对气候变化相关物资,帮助有关国家提高应对气候变化能力,同时为近120个发展中国家培训了约2000名应对气候变化领域的官员和技术人员。

建设绿色丝绸之路为全球气候治理贡献中国方案。中国坚持把绿色作为底色,携手各方共建绿色丝绸之路,强调积极应对气候变化挑战,倡议加强在落实《巴黎协定》等方面的务实合作。2021年,中国与28个国家共同发起"一带一路"绿色发展伙伴关系倡议,呼吁各国应根据公平、共同但有区别的责任和各自能力原则,结合各自国情采取气候行动以应对气候变化。中国同有关国家一道实施"一带一路"应对气候变化南南合作计划,成立"一带一路"能源合作伙伴关系,促进共建"一带一路"国家开展生态环境保护和应对气候变化。

(三) 应对气候变化中国倡议

应对气候变化是全人类的共同事业,面对全球气候治理前所未有的困难,国际社会要以前所未有的雄心和行动,勇于担当,勠力同心,积极应对气候变化,共谋人与自然和谐共生之道。

坚持可持续发展。气候变化是人类不可持续发展模式的产物,只有在可持续发展的框架内加以统筹,才可能得到根本解决。要把应对气候变化纳入国家可持续发展整体规划,倡导绿色、低碳、循环、可持续的生产生活方式,不断开拓生产发展、生活富裕、生态良好的文明发展道路。

坚持多边主义。国际上的事要由大家共同商量着办,世界前途命运要由各国共同掌握。在气候变化挑战面前,人类命运与共,单边主义没有出路,只有坚持多边主义,讲团结、促合作,才能互利共赢,福泽各国人民。要坚持通过制度和规则来协调规范各国关系,反对恃强凌弱,规则一旦确定,就要有效遵循,不能合则用、不合则弃,这是共同应对气候变化的有效途径,也是国际社会的基本共识。

坚持共同但有区别的责任原则。这是全球气候治理的基石。发达国家和发展中国家在造成气候变化上历史责任不同,发展需求和能力也存在差异,用统一尺度来限制是不适当的,也是不公平的。要充分考虑各国国情和能力,坚持各尽所能、国家自主决定贡献的制度安排,不搞"一刀切"。发展中国家的特殊困难和关切应当得到充分重视,发达国家在应对气候变化方面要多作表率,为发展中国家提供资金、技术、能力建设等方面支持。

坚持合作共赢。当今世界正经历百年未有之大变局,人类也正处在一个挑战层出不穷、风险日益增多的时代,气候变化等非传统安全威胁持续蔓延,没有哪个国家能独善其身,需要同舟共济、团结合作。国际社会应深化伙伴关系,提升合作水平,在应对全球气候变化的征程中取长补短、互学互鉴、互利共赢,实现共同发展,惠及全人类。

坚持言出必行。应对气候变化关键在行动。各方共同推动《巴黎协定》实施,要持之以恒,不要朝令夕改;要重信守诺,不要言而无信。要积极推动各国落实已经提出的国家自主贡献目标,将目标转化为落实的政策、措施和具体行动,避免把提出目标变成空喊口号。

结　束　语

当前,中国已经全面建成小康社会,正开启全面建设社会主义现代化国家、实现中华民族伟大复兴的新征程。应对气候变化是中国高质量发展的应有之义,既关乎中国人民对美好生活的期待,也关系到各国人民福祉。

面对新征程,中国将立足新发展阶段,贯彻新发展理念,构建新发展格局,推动高质量发展,将碳达峰、碳中和纳入经济社会发展全局,以降碳为生态文明建设的重点战略方向,推动减污降碳协同增效,促进经济社会发展全面绿色转型,推动实现生态环境质量改善由量变到质变,努力建设人与自然和谐共生的现代化。

气候变化带给人类的挑战是现实的、严峻的、长远的。把一个清洁美丽的世界留给子孙后代,需要国际社会共同努力。无论国际形势如何变化,中国将重信守诺,继续坚定不移坚持多边主义,与各方一道推动《联合国气候变化框架公约》及其《巴黎协定》的全面平衡有效持续实施,脚踏实地落实国家自主贡献目标,强化温室气体排放控制,提升适应气候变化能力水平,为推动构建人类命运共同体作出更大努力和贡献,让人类生活的地球家园更加美好。

责任编辑：刘敬文

图书在版编目(CIP)数据

中国应对气候变化的政策与行动/中华人民共和国国务院新闻办公室 著.—北京：
  人民出版社,2021.10
ISBN 978－7－01－023915－6

Ⅰ.①中⋯　Ⅱ.①中⋯　Ⅲ.①气候变化-科技政策-中国　Ⅳ.①P467-012

中国版本图书馆 CIP 数据核字(2021)第 217470 号

中国应对气候变化的政策与行动
ZHONGGUO YINGDUI QIHOU BIANHUA DE ZHENGCE YU XINGDONG
(2021 年 10 月)

中华人民共和国国务院新闻办公室

人民出版社 出版发行
(100706　北京市东城区隆福寺街 99 号)

中煤(北京)印务有限公司印刷　新华书店经销

2021 年 10 月第 1 版　2021 年 10 月北京第 1 次印刷
开本:787 毫米×1092 毫米 1/16　印张:3.5
字数:30 千字

ISBN 978－7－01－023915－6　定价:16.00 元

邮购地址 100706　北京市东城区隆福寺街 99 号
人民东方图书销售中心　电话 (010)65250042　65289539